BEI GRIN MACHT SICH IHR WISSEN BEZAHLT

AF151492

- Wir veröffentlichen Ihre Hausarbeit,
  Bachelor- und Masterarbeit

- Ihr eigenes eBook und Buch -
  weltweit in allen wichtigen Shops

- Verdienen Sie an jedem Verkauf

Jetzt bei www.GRIN.com hochladen und kostenlos publizieren

Bibliografische Information der Deutschen Nationalbibliothek:

Die Deutsche Bibliothek verzeichnet diese Publikation in der Deutschen National-
bibliografie; detaillierte bibliografische Daten sind im Internet über http://dnb.d-
nb.de/ abrufbar.

Dieses Werk sowie alle darin enthaltenen einzelnen Beiträge und Abbildungen
sind urheberrechtlich geschützt. Jede Verwertung, die nicht ausdrücklich vom
Urheberrechtsschutz zugelassen ist, bedarf der vorherigen Zustimmung des Verla-
ges. Das gilt insbesondere für Vervielfältigungen, Bearbeitungen, Übersetzungen,
Mikroverfilmungen, Auswertungen durch Datenbanken und für die Einspeicherung
und Verarbeitung in elektronische Systeme. Alle Rechte, auch die des auszugsweisen
Nachdrucks, der fotomechanischen Wiedergabe (einschließlich Mikrokopie) sowie
der Auswertung durch Datenbanken oder ähnliche Einrichtungen, vorbehalten.

Impressum:

Copyright © 2012 GRIN Verlag, Open Publishing GmbH
Druck und Bindung: Books on Demand GmbH, Norderstedt Germany
ISBN: 9783668249059

Dieses Buch bei GRIN:

http://www.grin.com/de/e-book/334707/kulturlandschaftselemente-und-land-
schaftsaesthetik-eine-einfuehrung

Sebastian Steidle

Kulturlandschaftselemente und Landschaftsästhetik.
Eine Einführung

GRIN Verlag

GRIN - Your knowledge has value

Der GRIN Verlag publiziert seit 1998 wissenschaftliche Arbeiten von Studenten, Hochschullehrern und anderen Akademikern als eBook und gedrucktes Buch. Die Verlagswebsite www.grin.com ist die ideale Plattform zur Veröffentlichung von Hausarbeiten, Abschlussarbeiten, wissenschaftlichen Aufsätzen, Dissertationen und Fachbüchern.

Besuchen Sie uns im Internet:

http://www.grin.com/

http://www.facebook.com/grincom

http://www.twitter.com/grin_com

Universität Augsburg

Lehrstuhl für Humangeographie und Geoinformatik

05.12.2012

Kulturlandschaftselemente und

Landschaftsästhetik

Proseminar: Humangeographie I

(WS 2012/13)

B.A. Sozialwissenschaften, 5. Semester

Abgabetermin: 05.12.2012

Inhaltsverzeichnis

Tabellenverzeichnis

1   Begriffsdefinitionen: Landschaft - Kulturlandschaft

Der Begriff Landschaft bezeichnet das vom Menschen als ganzes wahrgenommene Gebiet. Also den Totaleindruck einer Gegend. Das Europäisches Landschaftsübereinkommen vom 20. Oktober 2000 bezeichnet "Landschaft als ein vom Menschen als solches wahrgenommenes Gebiet, dessen Charakter das Ergebnis des Wirkens und Zusammenwirkens natürlicher und/oder anthropogener Faktoren ist."(Egli 2006, 121). Die Betonung auf die (ästhetische) Wahrnehmung, unterscheidet die Landschaft von dem Landstrich, der ebenso für die Bezeichnung des Totalcharakters einer Erdgegend verwendet wird.

In der Geographie wird der Begriff für Gebiete verwendet, welche sich von anderen Gebieten durch naturwissenschaftlich erfassbare Merkmale abgrenzen lassen. Für das, von den Menschen wahrgenommene Erscheinungsbild einer Landschaft wird auch der Begriff "Landschaftsbild" benutzt.

Jener Teil der Landschaft, der durch den Menschen gestaltet, geprägt und bearbeitet wurde, bezeichnet man als Kulturlandschaft (Gunzelmann 2000, 15). Die Kulturlandschaft ist also von Naturlandschaft, welche von dem Menschen unberührt ist, abzugrenzen. Eine solche unberührte Natur existiert in Mitteleuropa allerdings kaum noch (Wöbse 2008, 22). In einer weitem Verständnis umfasst der Begriff alle Landschaften, auf denen der Mensch seine Spuren hinterlassen hat (Küster 2008, 7). Egli (2006, 122) teilt die Kulturlandschaften in 4 Typen ein: Naturnahe Landschaft, traditionelle Agrarlandschaft, moderne Agrarlandschaft und Stadtlandschaft.

Im einem engeren Begriffsverständnis werden nur die ersten zwei Typen als Kulturlandschaft bezeichnet. Also nur jene Gebiete, die zwar von dem Menschen geprägt wurden, aber trotzdem von den Prozessen der Modernisierung und Industrialisierung unberührt blieben, in Abgrenzung also, zu den urbanen und industriell geprägten Gebieten, in denen Natur kaum noch aufzufinden ist. Nach dieser engen Begriffsauffassung ist das Menschliche schaffen im ländlichen Raum und die dadurch entstehende Umgestaltung der Natur gemeint, die sich durch eine kleinräumige Form der agrarischen Nutzung auszeichnet. Für solche Gebiete wird auch der Begriff "historische Kulturlandschaft" verwendet (Küster 2008, 7f.). Im dazu Gegensatz zu der industriellen geprägten Landwirtschaft, die sich durch eine intensive, großräumige landwirtschaftliche Nutzung kennzeichnet, von Uniformität geprägt ist und bei welcher der ökonomische Aspekt im Vordergrund steht (Wöbse ebd.). Die Kulturlandschaft in der Praxis von der Naturlandschaft auf der einen, und von der großindustriellen Landwirtschaft bzw. den urbanen Raum abzugrenzen ist natürlich nicht immer einfach.

2   Kulturlandschaft

Die Kulturlandschaft beinhaltet immer zwei Aspekte: Die Natur, und die menschliche Tätigkeit darin. Dies ist allerdings nicht so zu verstehen, dass die kulturellen Komponenten der Natur lediglich übergestülpt würden. Vielmehr treten die Natur und der Mensch darin in eine Wechselwirkung miteinander und beeinflussen sich gegenseitig (Gunzelmann 2000, 15). Kulturelle und natürliche Bestandteile stehen nicht nur nebeneinander, sondern durchdringen sich und schaffen mit ihrer Synthese den spezifischen Charakter einer Landschaft (Bobek 1949, 118). Der Charakter der der Kulturlandschaft ergibt sich deshalb aus Anzahl und Typ der Elemente in ihr, sowie deren Relation zueinander (Egli 2006, 123).

Die Gestalt der Kulturlandschaft hängt, neben den natürlichen Faktoren wie Boden, Klima etc., davon ab, welche Funktionen sie für den Menschen erfüllt und wie diese verwirklicht werden. Die Funktionen können sich über die Zeit ändern. So stand in früheren Zeiten vor allem der ökonomische Aspekt im Vordergrund, also die Bedeutung für Land- und Forstwirtschaft, aber auch für das Gewerbe (z.B. Mühlen, Bergwerke). Ist die wirtschaftliche Nutzung heute in den Hintergrund getreten, so gewann die Kulturlandschaft an Bedeutung für die Freizeitgestaltung der Menschen, als Raum in dem man Sport treiben und sich erholen kann. Ebenso wird der Kulturlandschaft zusehends ein ästhetischer Wert zugesprochen (siehe Kapitel 4). Auch für die Wissenschaft, (z.B. die Biologie und die Kulturwissenschaft) ist die Kulturlandschaft von Bedeutung. Zudem wird der Natur verstärkt, unabhängig von ihrem Nutzen für die Menschen, ein Eigenwert zugeschrieben (Grosjean 1986, 21ff.).

Die Kulturlandschaft ist deshalb nach Bobek, je nachdem wie sie genutzt wird, Ausdruck der bestimmten Lebensformen der Menschen, die in ihr Leben und sie Nutzen (Werlen 2004, 124ff.). Dabei prägt allerdings nicht nur die Gesellschaft ihre Umwelt, sondern Gesellschaft wird auch von der Umwelt geprägt.

Die Gestalt der Kulturlandschaft ist je nach Wirtschaftsform, Siedlungsweise, Modernisierungsgrad, Wachstumsdynamik und Kulturform (Religion, Bräuche, Sitten) unterschiedlich. Besonders die Wirtschaftsform, also ob es sich um eine Agrargesellschaft, eine Industriegesellschaft oder eine Dienstleistungsgesellschaft handelt, spiele, so Bobek, eine entscheidende Rolle bei der Gestaltung der Landschaft. Ebenfalls wichtig sei, wie die Bevölkerung im Raum verteilt ist, also ob die Menschen überwiegend in Städten oder im ländlichen Raum leben und wie dicht das Land besiedelt ist (Werlen ebd.). In zeitlicher Hinsicht unterscheidet sich die Kulturlandschaft je nachdem, auf welcher Entwicklungsstufe sich eine Gesellschaft gerade befindet. Bobek unterscheidet sechs Kulturstufen der Menschheit, welche die Landschaft unterschiedlich prägen: 1. Die Wildbeuterstufe, in der die Menschen noch vollkommen an die Natur angepasst sind. 2. Stufe der spezialisierten Sammler, Jäger und Fischer, in der die Menschen sich spezialisieren und beginnen Werkzeuge einzusetzen und Vorräte zu halten. 3. Die Stufe des Sippenbauerntums und Hirtennomadismus, in der die Menschen damit beginnen Vorräte zu halten. 4. Die Stufe der herrschaftlich organisierten Agrargesellschaft. 5. Stufe des älteren Städtewesens und Rentenkapitalismus und 6. die Stufe des produktiven Kapitalismus der industriellen Gesellschaft (Werlen 2004, 129). Umso höher die Kulturstufe, desto intensiver nutzt die Gesellschaft die Natur, obwohl sie sich gleichzeitig von ihr entfernt und anteilsmäßig immer weniger Menschen in ihr tätig sind. Eine Kulturlandschaft spiegelt allerdings nicht nur die bestimmte Stufe, auf der sich eine Gesellschaft momentan befindet wieder, sondern beinhaltet immer auch Elemente der vorhergegangenen Stufen. Eine Kulturlandschaft kann deshalb als kulturelles Gedächtnis angesehen werden, die Auskunft über vergangene Lebensweisen und die Geschichte einer Region gibt.

3   Kulturlandschaftselemente

Unter Kulturlandschaftselementen versteht man die einzelnen Bestandteile einer Kulturlandschaft, die sich eindeutig von ihrer Umgebung abgrenzen lassen. Die spezifischen Kulturelemente einer Landschaft geben dieser ihre Identität und Einmaligkeit. Ein Kulturlandschaftselement kann z.B. ein einzelner Baum sein. Vieler Element wurden von Menschen geschaffen. Markant sind z.B. Feldraine und Heckensäume zum Schutz und zur Abgrenzung von Feldern.

Viele der Landschaftselemente sind dabei Relikte aus vergangener Zeit, die Aufschluss über Kultur und Historie einer Region geben und somit Teil des kulturellen Erbes sind

(Wöbse 2008, 30). Dies verleiht vielen Kulturlandschaften einen "musealen Charakter" (Egli 2006, 118). Wichtige Relikte, die von historischem Interesse sind, sind zum Beispiel Überreste von Kirchen, Burgen, Gräbern oder des römischen Limes.

Die Kulturlandschaft kann sehr vielfältig sein, was sich in einer Vielzahl an verschiedenen Kulturlandschaftselementen niederschlägt. Diese werden in verschiedenen Listen zu Erfassen und Gruppieren versucht. So zählen Burggraaff & Kleefeld (1998:267) über 330 Elemente, welche elf Funktionsgruppen zuordnen. Plöger (2003: 441ff., Anhang) zählt. sogar 950 Kulturlandschaftselemente.

Wöbse fasste die wichtigsten Elemente in folgender Tabelle zusammen:

Allee	Hausbaum	Mittelwald	Stauteich
Bauerngarten	Hecke	Moorhufendorf	Steinbruch
Bienenzaun	Heide	Mühlgraben	Steinplattenmauer
Bildstock	Heideweg	Mühlenteich	Straßendorf
Buckelwiese	Hofbaum	Mühlenweg	Streuobst
Deich	Hohlweg	Niederwald	Streuwiese
Dorfteich	Hudewald	Obstbaumallee	Tanzbaum
Eisenbahntrasse	Kanal	Obsthof	Tonkuhle
Entwässerungsgraben	Kapelle	Obstwiese	Torfstich
Erdwall	Kellergasse	Park	Treidelpfad
Eschacker	Kirchweg	Pestsäule	Trift
Fehnkanal	Klinkerstraße	Plaggenesch	Trockenmauer
Feldrain	Kloster	Rieselwiese	Viehtränke
Feuerlöschteich	Knick	Rodungsinsel	Wacholderheide
Findlingsmauer	Kopfbaum	Rötelkaule	Waldhufendorf
Fischteich	Kopfsteinpflasterstraße	Rottekuhle	Wallanlage
Flößgraben	Kopfweide	Rundling	Wallhecke
Flößteich	Kratteichen	Sandfang	Warft
Furt	Landwehr	Schäferei	Wassermühle
Gerichtsbaum	Lattenzaun	Schafstall	Wehr
Grabhügel	Lehmkuhle	Schaftränke	Weiher
Grenzbaum	Lesesteinhaufen	Schafwäsche	Weinberg
Grenzgraben	Lesesteinwall	Schlafdeich	Windmühle
Grenzwall	Mariensäule	Schneitelbaum	Wölbacker
Großsteingrab	Marschhufe	Sommerweg	Wüstung
Gutspark	Meilenstein	Speicher	Wurt
Handtorfstich	Mergelgrube	Staudamm	Wurtendorf
Haufendorf		Stausee	Ziegelteich

Tab. 1: Historische Kulturlandschaftselemente für eine Bestandsaufnahme
Tabelle 1: Abbildung 2: Quelle: Wöbse 2008, 29

Die Kulturlandschaftselemente lassen sich in verschiedener Weise Gruppieren. Beispielsweise nach ihrer Form in Punktelemente (z.b. Scheunen, Teiche, Einzelbäume), Linienelemente (z.b. Wege, Zäune) und Flächenelemente (z.b. Wiese, Weinberg) (Bayerisches Landesamt für Umwelt 2012). Die gängigste Klassifikationsart ist allerdings die nach Funktionsbereichen. Der wichtigste Funktionsbereich der der Kulturlandschaft ist die Land- und Forstwirtschaft. Demnach haben, oder hatte sehr viele Kulturlandschaftselemente ein landwirtschaftliche Funktion, z.b. Viehtränken, Waldarbeiterhütten oder Obstgärten.

Zum Funktionsbereich Verkehr können Elemente wie Gleise und Brücken gezählt werden. Zum Funktionsbereich Gewerbe zählen beispielsweise Steinbrüche oder Kalköfen.

Die Kulturlandschaft finden sich auch Elemente die dem Siedlung zuzurechnen sind. (z.b. Bauernhäuser, Anger oder Hülben)

In der Kulturlandschaft lassen sich auch Elemente mit einer Bedeutung für das religiöse, kulturelle und gemeinschaftliche Leben der Bevölkerung antreffen (z.b. Gedenkstätten, Kapellen, Verteidigungsanlagen)

Vor allem in jüngerer Zeit gewinnt die Kulturlandschaft Freizeitgestaltung der Menschen an Wert (z.b. durch Wanderwege, Schrebergärten, Golfplätze, Baggerseen)

4   Landschaftsästhetik

Das Wort "Ästhetik" kommt von dem Griechischen Wort "aísthēsis" und bedeutet (Sinnes)wahrnehmung und Empfindung. Im Sinne von Wahrnehmung des Schönen wird es auch heute noch gebraucht, auch wenn der Begriff Alltagssprachlich oftmals mit schön oder geschmackvoll gleichgesetzt wird (Grosjean 1986, 23). Im engeren Sinne wird dabei die Visuelle durch die Augen verstanden. Ferner können aber auch andere Sinne ästhetische Empfindungen auslösen. Der Begriff Landschaftsästhetik umfasst deshalb nicht nur die visuelle Wahrnehmung, da auch andere Sinneseindrücke, wie z.B. das Rauschen eines Baches, das Zirpen eines Vogels oder der Geruch von Blumen, unter ästhetischen Gesichtspunkten betrachtet werden können (Grosjean ebd.)

Es ist zu beachten, dass das ästhetische Empfinden immer subjektiv ist.[1] Des weiteren ist es immer an den sozialen und kulturellen Kontext, in dem das Individuum verortet ist, gebunden. Wahrnehmung deshalb immer durch die eigenen Erfahrungen und Erinnerungen

---

1   Oder wie es David Hume ausdrückte: "Schönheit liegt im Auge des Betrachters "(Essays moral & political, 1742)

bedingt (Weiß 2006, 16ff.).

Dabei gibt es nicht nur Unterschiede welche Landschaft als schön empfunden wird, sondern auch, ob und wie stark, die Landschaft überhaupt nach Ästhetischen Gesichtspunkten bewertet wird. So befassten sich beispielsweise die Antiken Hochkulturen mit der ästhetischen Qualität von Landschaft. Im Mittelalter war der Blick nunmehr gen Himmel gerichtet, während die ästhetische Betrachtung des Diesseits an Bedeutung verlor (Kühne 2012, 41ff.). Dies änderte sich in der Neuzeit. Im 15. Jahrhundert bekam der Begriff "Landschaft" eine ästhetische Konnotation und war somit nicht mehr gleichbedeutend mit dem Begriff "Landstrich" sondern wurde jetzt eher im Sinne des Begriffs "Landschaftsbild" verstanden. In der Renaissance wurde die Landschaftsmalerei populär. In der Romantik bekam die Landschaft einen mythischen Charakter (Kühne ebd.). In dem Maße, in dem die alltägliche Lebenswelt der Menschen durch Industrialisierung und Verstädterung aus der Landschaft herausgelöst wurde, wurde sie zunehmend romantisiert. Die Landschaft wurde als Teil der Identität einer Region aufgefasst und eng mit dem Heimatbegriff verknüpft (Küster 2008, 18) Die Landschaft galt nunmehr als Ort Idylle, Harmonie und Natürlichkeit gegenüber dem hektischen Großstadtleben und stellte einen Kontrast zur Alltagswelt des Betrachters dar (Weiß 2006, 17). Eine Vorstellung die sich bis heute bewahrt hat (Kühne ebd.).

Es gibt verschiedene Theorien dazu, wieso Menschen bestimmte Landschaften als ästhetische gehaltvoller Wahrnehmen als andere. Dabei lässt sich zwischen universellen (biologisch-evolutionsbedingten) Theorien und soziokulturellen Erklärungsansätzen unterscheiden. Unter den universellen Theorien sind hierbei vor allem die "Savanna-Theorie" von Orians (1980, 1986), die "Prospekt -Refuge-Theorie" von Appleton (1975, 1995), die "Information-Processing-Theorie" von Kaplan & Kaplan (1989) und der "Restorativeness"-Ansatz (1989) zu nennen (Hunziker 2006, 41f.).

Die Savanna-Theorie beruht auf der Tatsache, dass in der Afrikas lebten. Daraus ergebe sich eine bis heute in der Natur des Menschen festgeschriebene Präferierung von Landschaften mit vereinzelt stehenden Bäumen und Baumgruppen sowie einem weiten Sichtfeld. Orians zufolge werden deshalb auch bei der Besiedlung von bis dahin Unbesiedeltem (z.B. der Besiedlung Nordamerikas), Landschaften mit einer Mischung aus offenem Land und Baumgruppen, die dazu noch Aussichtspunkte und die Sicht auf Gewässer beinhalten, bevorzugt. Ebenso seien in solchen parkähnlichen Gebieten die Mietpreise am höchsten

(Hunziker 2006, 42). In empirischen Tests konnte festgestellt werden, dass savannenartige Landschaften mit Flussläufen über alle Kulturen hinweg besser abschneiden als dicht bewaldetes Gebiet oder völlig gehölzfreie Landschaft. Besonders signifikant zeigt diese Beurteilung bei Kleinkindern, von denen ausgegangen wird, dass sie noch nicht so stark von sozio-kulturellen Mustern geprägt sind (Orions 1999)

Der "Prospect and Refuge" Ansatz von Appleton geht in eine Ähnliche Richtung. Demnach war für das Überleben des Urmenschen Schutz und Überblick wichtig. Also das "Sehen ohne gesehen zu werden". (Appleton 1975: 73) Deshalb bevorzuge der Mensch Landschaften mit einer Mischung aus offenem Land und weitem Blickfeld und Baumgruppen, die Schutz davor bieten selbst gesehen zu werden (Hunziker 2006, 43). Ebenso gilt die Präsenz von Wasser in Form von Quellen, Bächen, Flüssen und Seen als attraktiv, da es für das menschliche Überleben unabdingbar war. (Hunziker 2006, 51)

"Die Information-Processing-Theorie" von Kaplan & Kaplan greift zur Erklärung ästhetischer Empfindungen ebenfalls auf die Bedürfnisse des Urmenschen zurück. Sie gehen davon aus, dass die Menschen jene Landschaften präferieren, in denen der, dem Tiere, überlegene menschliche Verstand von Vorteil sei. Also Landschaften, die sich gut zur Informationsgewinnung eigneten. Darum präferiere der Mensch Landschaften, die Komplex, Mysteriös, Kohärent und gut Lesbar sind (Kaplan & Kaplan 1989: 124ff). Besonders die Lesbarkeit, verstanden als die Fähigkeit sich in einer Landschaft zurecht- und wieder zum Ausgangspunkt zurückzufinden, sei von elementarer Bedeutung für das ästhetische Empfinden (Hunziker 2006, 44ff.).

Restorativeness-Ansatz geht davon aus, das Landschaften als schön empfunden werden, wenn sich der Mensch darin erholen und beruhigen kann. Dies gelinge Landschaften, welche die passive Aufmerksamkeit (im Gegensatz zu aktiven Aufmerksamkeit bei der Arbeit) stimulieren (Hunziker 2006, 46).

Mit diesen evolutionären Ansätzen lassen sich zwar die menschliche Präferenzen für bestimmte Landschaften erklären, bei anderen Landschaften versagen selbige Ansätze allerdings. So galt z.B. der Anblick von Gebirgen im 18. Jahrhundert als furchteinflößend und hässlich, während heut zu Tage Gebirge gerade wegen ihrer Ästhetischen Qualität aufgesucht werden (Groh & Groh 1996). Solche Phänomene versuchen sozio-kulturelle Theorien zu erklären, die im Gegensatz zu den evolutionären Ansätzen nicht davon ausgehen dass es sich bei der Ästhetischen Wahrnehmung um Angeborene, genetisch Vererbte und deshalb universale Präferenzen handelt, sondern dass diese Präferenzen im Laufe der Sozialisation angeeignet werden. Die Landschaft und die Elemente in der Landschaft sind demnach Symbole, die für den Betrachter ein bestimmte Bedeutung haben. Die Landschaft ist Teil der Identität der Bewohner einer bestimmten Region. Gleichzeitig wird aber auch versucht Defizite in der lokalen Identität auszugleichen. So zieht es vor allem Stadtbewohner in ihrem Urlaub häufig in die Natur zieht (Hunziker 2006, 47f.). Besonders bei menschengeschaffenen Landschaftselementen, hängt die landschaftsästhetische Qualität eng mit sozialen Bedeutung zusammen die das Elemente (z.B. ein Kirchturm) hat. Dementsprechend abhängig ist die Bewertung solcher Elemente von dem Kulturkreis und sozialen Gruppe dem der Betrachter angehört (Hunziker 2006, 51). Genaue Konzepte, wie die kulturellen Eigenheiten einer Gruppe auf ihre landschaftlichen Vorlieben wirken bleiben allerdings eher vage. In der Landschaftsplanung wird daher auf die Konzepte der universellen Dimension der Landschaftsbewertung zurückgegriffen, oder es wird darauf vertraut, dass der Planer im Sinne des Common Sense die Vorlieben der Bewohner der Region, in der er plant teilt.

Der "Typicality-Ansatz" von Purcell (1992) geht davon aus, dass ein richtiges Maß an Abweichung gegenüber der eigenen Alltagswelt am angenehmsten Empfunden wird. Ist die Landschaft dahingegen zu vertraut oder zu fremdartig, so wird sie nicht mehr als ästhetisch reizvoll erachtet. Nach Purcell beurteile der Mensch die Landschaft nach vier Eigenschaften: Die Ausdehnung des Landschaftsausschnittes, die Natürlichkeit bzw. das Ausmaß der menschlichen Eingriff, das Relief und das Vorhandensein von Wasser. (Hunziker 2006, 50).

5   Landschaftspflege und Naturschutz

Da sich die Menschen zunehmend der kulturellen und ästhetischen Bedeutung der Kulturlandschaft, und des Eigenwertes der Natur gewahr werden, andererseits sie andererseits aber immer stärker durch menschliche Eingriffe gefährdet wird, gewinnt das Anliegen, die Kulturlandschaft zu Erhalten an Bedeutung. Dies wird versucht mit Maßnahmen der Landespflege zu gewährleisten. Dabei ist zwischen Maßnahmen der Landschaftspflege und des Naturschutzes zu unterscheiden. Dem Landschaftsschutz geht es um den Erhalt der Landschaft und der spezifischen Identität einer Landschaft und seines kulturellen Erbes (Küster 2008, 17). Es werden hierbei nicht nur Maßnahmen für den Erhalt, sondern auch für Sanierung und Neuentwicklung der Landschaft getroffen. Dem Naturschutz geht es um den Erhalt der Vielfalt und des Lebensraumes von Pflanzen und Tieren. Es ist allerdings zu beachten, das sich auch der Naturschutz immer im Rahmen von Kulturlandschaften abspielt, den auch er greift aktiv in Natur ein (z.B. bei Pilzbefall von Bäumen) und hat nicht die Verwilderung, sondern den Erhalt der Kulturlandschaft zum Ziel.

6   Literaturverzeichnis

Bayrisches Landesamt für Umwelt. 2012
http://www.lfu.bayern.de/natur/historische_kulturlandschaft/kulturlanschaftselemente/index.htm (04.12.2012)

Bobek, H.; Schmithüsen J.: Die Landschaft im logische System der Geographie, in: Erdkunde. 1949

Groh, R.; Groh, D.: Weltbild und Naturaneignung. Zur Kulturgeschichte der Natur. 1996 Frankfurt/M

Grosjean, H.: Ästhetische Bewertung ländlicher Räume. am Beispiel von Grindelwald im Vergleich mit andern schweizerischen Räumen und in zeitlicher Veränderung. 1986. Bern

Kühne, O.: Landschaftstheorie und Landschaftspraxis. Eine Einführung aus sozialkonstruktivistischer Perspektive. 2012. Wiesbaden

Küster, H.J. (Hrsg) : Kulturlandschaften. 2008. Frankfurt am Main.

Landesanstalt für Naturschutz, Umwelt und Messung Baden-Württemberg. 2012
http://www.fachdokumente.lubw.baden-wuerttemberg.de/servlet/is/50114/inf07_10020.html?
COMMAND=DisplayBericht&FIS=200&OBJECT=50114&MODE=BER&RIGHTMENU=null (04.12.2012)

Orions, G: An Evolutionary Perspective on Aesthetics. In: The society for the Psychology of Aesthetics, Creativit, and the Arts. 1999. New York
http://www.apa.org/divisions/div10/articles/orians.html (04.12.2012)

Reeh, T; Ströhlein, G; Bader, A (Hrsg):Kulturlandschaft verstehen. ZELTForum - Göttinger Schriften zu Landschaftsinterpretation und Tourismus - Band 5. 2000. Göttingen

Tanner, K.M.; Bürgi, M. & Coch, T. (Hrsg.): Landschaftsqualitäten. 2006. Bern/Stuttgart/Wien

Werlen, B.: Sozialgeographie. 2004. Bern/Stuttgart/Wien